U0130641

二

一六六一一

3

樂清沐簫泉

福州南臺泉

桐廬嚴子瀨

姑蘇七寶泉

宜興三洞水

華亭五色泉

金山寒穴泉

余嘗著煮泉小品其取裁于鴻漸茶
經者十有三每閱一過則塵吻生津

自謂可以忘渴也近遊吳興與會伯臣

示水品其旨契余者十有三緬視又

新永叔諸篇更入神矣蓋水之美惡

固不待易牙之口而自可辨若必欲

一一第其甲乙則非盡聚天下之水

而品之亦不能無爽也況斯地也茶

泉雙絕且桑苧翁作之于前長谷翁

述之于後豈偶然耶攜鑪介杼之以

完泉史嘉靖甲寅秋七月七日錢唐

田崇蘅題

徐子伯臣往時曾作唐詩品今又品

水豈水之與詩其泠然之聲冷然之

味有同流邪予嘗語田子曰吾三人

者何時登崑崙探河源聽奏鈞天之

洋洋遝涉三湘過燕秦諸川相與飲

水賦詩以盡品咸池韶濩之樂徐子

能復有以許之乎餘杭蔣灼跋

水品全秩目録終

水品全秩卷上

九靈山長徐獻忠著

梅顛道人周履靖校

金陵荆山書林梓行

一源

或問山下出泉曰民一陽在上二陰在下陽騰

爲雲氣陰注液爲泉此理也二陰本空洞虛

空洞出泉亦理也山中本自有水脉洞壑通

貫而無水脉則通氣爲風

9

山深厚者若大者氣盛麗者必出隹泉水山雖

雄大而氣不清越山觀不秀雖有流泉不佳

也

源泉實關氣候之盈縮故其發有時而不常常

而不涸者必雄長于群崒而深源之發也

泉可食者不但山觀清華而草木亦秀美儼靈

之都薄也

瀑布水雖盛至不可食汛激撼盪水味已大變

失真性矣瀑字從水從暴蓋有深義也予嘗

攬瀑水上源皆泒流會合處出口有峻壁始

垂挂爲瀑未有單源隻流如此者源多則流

雜非佳品可知

瀑水垂洞口者其名曰簾指其狀也如康王谷

水是也

瀑水雖不可食流至下潭渟匯久者復與瀑處

不類

深山窮谷頗有蛟蛇毒沫凡流來遠者須察之

春夏之交蛟蛇相感其精沫多在流中食其清

源或可爾不食更穩

泉出沙土中者其氣盛涌或其下空洞通海脉

此非佳水

山東諸泉類多出沙土中有涌激吼怒如豹突

泉是也豹突水久食生頸瘿其氣太溫

汝州水泉食之多生瘿驗其水底凝濁如膠氣

不清越乃至此聞蘭州亦然

濟南王府池名珍珠泉者不待拊掌振足自浮

爲珠此氣太盛恐亦不可食

山東諸泉海氣太盛漕河之利取給于此然可

食者少故有聞名甘露澗米茶泉者揖其可

食也若洗鉢不過賤用爾其臭泉皂泥泉濁

河等泉太甚不可食矣

傅記論泉源有杞菊能壽人今山中松茶雲母

流脂伏液與流泉同宮豈下杞菊浮世以厚

味奪真氣日用之不自覺爾昔之飲杞水而

壽蜀道漸通外取醃鹽食之其壽漸減此可

証

水泉初發處甚澹發于山之外麓者以漸而甘

流至海則自甘而作醎矣故汲者持久水味

亦變

閩廣山嵐有熱毒多發于花草水石之間如南

靖沄水坑多斷腸草落英在溪十里内無魚

鰕之類黃岩人顧永主簿立石水次戒人勿

飲閩中如此類非一天台蔡霞山爲省茶時

有語云大雨勿飲溪道傍休嗅草此皆仁人

用心也

水以乳液爲上乳液必甘稱之獨重于他水凡

稱之重厚者必乳泉也丙穴魚以食乳液特

佳煮茶稍久上生衣而釀酒大益水流千里

者其性亦重其能煉雲母爲膏靈長下注之

流也

二清

水源有龍處水中時有赤脉蓋其涎也不可犯

晉溫嶠燃犀照水爲神所怒可証

泉有湍流積垢或霧黯雲蓊有不見底者大惡

若泠谷澄華性氣清潤必涵內光澄物影斯上

品爾

山氣幽寂不近人村落泉源必清潤可食

骨石嶙峨而外觀青蒼此泉之上毋也若上多

而石少者無泉或有泉而不清無不然者

春夏之交其水盛至不但較蚖毒沫可慮山墟

積腐經冬□者多流出其間不能無毒雨後

澄寂久斯可言水也

泉上不宜有木吐葉落英悉為腐積其幼為滾

16

水虫旋轉吐納亦能敗泉

泉有滓濁須滌去之但爲覆屋作人巧者非丘

壑本意

湘中記曰湘水至清雖深五六丈見底了了石

子如樗蒱矢五色鮮明白沙如霜雪赤岸如

朝霞此異境又別有說

三流

水泉雖清映紺寒可愛不出流者非源泉也雨

澤滲積久而澄寂爾

易謂山澤通氣山之氣待澤而通澤之氣待流

而通

老子谷神不死殊有深義源泉發處亦有谷神

而混混不舍晝夜所謂不死者也

源氣盛大則注液不篤陸處士品山木上江水

中井水下其謂中理然井水渟泓地中陰脉

非若山泉天然出也服之中聚易淆煮藥物

不能發散流通已之可也異苑載句容季

子廟前井水常沸涌此當是泉源止深鑒焉

水記弟虎丘石水居三石水雖泓淳皆雨澤之

積滲竇之潢也虎丘為闔閭墓隧當時石工

多閟死山僧衆多家常不能無穢濁滲入雖

名陸羽泉與此粉通非天然水脈也道家服

食忌與尸氣近若暑月憑臨其上解滌煩襟

可也

四甘

泉品以甘為上幽谷紺寒清越者類出甘泉又

必山林深厚盛麗外流雖近而內源遠者

泉甘者試稱之必重厚其所由來者遠大使然
也江中南零水自岷江發流數千里始澄于

兩石間其性亦重厚故甘也

古稱醴泉非常出者一時和氣所發與甘露芝
草同為瑞應禮緯云王者刑殺當罪賞錫當
功得禮之宜則醴泉出于闕庭鶡冠子曰聖
王子德上薄大清下及太寧中及萬靈則醴
泉出光武中元元年醴泉出京師唐文皇貞

觀初出西城之陰體泉食之令人壽考和氣

暢達宜有所然

泉上不宜有惡木水受雨露傳氣下注善變泉

味況根株近泉傳氣尤速雖有甘泉不能自

美猶童蒙之性係于所習養也

　五寒

泉水不紺寒俱下品易謂井列寒泉食可見井

泉以寒為上金山在華亭海上有寒穴諸咏

其勝者見郡誌廣中新成縣夺泉如冰此皆

其尤也然凡稱泉者未有舍寒冽而著者

溫湯在處有之博物志水源有石流黃其泉溫

可療瘡痍此非食品也黃庭內景湯谷神王

乃內景自然之陽神與地道溫湯相耀列爾

予嘗有水頌云景丹霄之浩露養幽谷之浮華

瓊醴蕨以消蔓玄津抱而終老蓋拮甘寒也

泉水甘寒者多香其氣類相從爾凡草木敗泉

味者不可求其香也

六品

陸處士品水據其所嘗試者二十水爾非謂天
下佳泉水盡于此也然其論故有失得自尋
所至者如虎丘石水及二瀑水皆非至品其
論雪水亦自至地者不知長桑君上池品故
在凡水上其取吳松江水故惘惘非可信吳
松潮汐上下故無潴泓若南冷在二石間也
潮海性滓濁豈待試哉或謂是吳江第四橋
水兹又震澤東注非吳松江水也予嘗就長
橋試之雖清激處亦腐梗作土氣全不入品

皆過言也

張又新記淮水亦在品列淮故湍悍滓濁通海

氣自昔不可食今與河合泒又水之大幻也

李記以唐州柏巖縣淮水源廃矣

陸處士能辨近岸水非南零非無旨也南零迥

湫淵渟清激重厚臨岸故常流水爾且混濁

迥異嘗以二噐貯之自見昔人且能辨建業

城下水況零岸故清濁易辨此非誕也歐陽

大明水記直病之不甚詳悟爾

處士云山水上江水中井水下其山水揀乳泉

石池慢流者上其瀑湧湍漱勿食之久食令

人頸疾又多別流于山谷者澄浸不洩自火

天至霜郊以前或潛龍蓄毒其間飲者可決

之以流其惡使新泉涓涓酌之此論至瀑但

瀑水不但頸疾故多毒沫可慮其云澄寂不

洩是龍潭水此雖出其惡亦不可食

論江水取夫人遠者亦碻井取汲多者止自之

泉處可爾井故非品

25

處士所品可據及不能盡試者並列

靳州蘭溪石下水

峽州扇子山下有石突然洩水獨清泠狀如

龜形俗云蝦蟆口水

廬山招賢寺下方橋潭水

洪州西山東瀑布水

廬州龍池山水

漢江金州上游中零水

歸州玉虛洞下香溪水

商州武關西洛水

彬州圓泉水

七　雜說

移泉水遠去信宿之後便非佳液法取泉中子

石養之味可無變

移泉須用常汲舊甖甖無火氣變味者更須有容

量外氣不干

東坡洗水法直戲論爾豈有汲泉持久可以子

石淋數過還味者

暑中取淨子石壘盆盎以清泉養之此齋閣中

天然妙相也能清暑長目力東坡有怪石供

此殆泉石供也

處士茶經不但擇水其火用炭或勁薪其炭曾

經燔為腥氣所及及膏木敗器不用之古人

辦勞薪之味殆有旨也

處士論煮茶法初沸水合量調之以鹽味是又

厄水也

水品全秩卷上 終

水品全秩卷下

九靈山長徐獻忠著

梅顛道人周履靖校

金陵荊山書林梓行

上池水

湖守李季卿與陸處士論水精劣得二十種以

雪水品在末後是非知水者昔者秦越人遇

長桑君飲以上池之水三十日當見物上池

水者水未至地承取露華水也漢武志慕神

儞以露盤取金莖飲之此上池真水也丹經

以方諸取太陰真水亦此義予謂露雪雨冰

皆上池品而露爲上朝露未晞時取之柏葉

及百花上佳服之可長年不饑續齊諧記司

農鄧沼八月朝入華山見一童子以五色囊

承取柏葉下露露皆如珠云赤松先生取以

明目呂氏春秋云水之美者有三危之露爲

水即味重於水也本草載六天氣令人不饑

長年美顏色人有急難阻絕之處用之如龜

心一堂 飲食文化經典文庫

蛇服氣不死陽陵子明經言春食朝露秋食

飛泉冬食沆瀣夏食正陽分天玄地黄是爲

六氣亦言平明爲朝露日中爲正陽日入爲

飛泉夜半爲沆瀣此又服氣之精者

玉井水

玉井者諸產有玉處其泉沆澤潤久服令人儼

異類云崑崙山有一石柱柱上露盤盤上有

玉水溜下土人得一合服之與天地同年又

太華山有玉水人得服之長生令人山居者

多壽考豈非玉石之津乎

十洲記瀛洲有玉膏泉如酒令人長生

南陽酈縣北潭水

酈縣北潭水其源悉芳菊生被岸水爲菊味盛

洪之荊州記太尉胡廣久患風羸常汲飲此

水遂療抱朴子云酈縣山中有甘谷水其居

民悉食之無不壽考故司空王暢太尉劉寬

太傅袁隗皆爲南陽太守常使酈縣月送甘

谷水四十斛以爲飲食諸公多患風痹及眩

皆得愈

按冦宗奭衍義菊水之說甚怪水自有甘澹焉

知無有菊味者嘗官于永權間沿幹至洪門

北山下古石渠中泉水清微其味與惠山泉

水等亦微香烹茶尤相宜由是知泉脈如此

金陵八功德水

八功德水在鍾山靈谷寺八功德者一清二冷

三香四柔五甘六淨七不噎八除痾昔山僧

法喜以所居之泉精心求西域阿耨池水七

33

日掘地得之梁以前常以供御池故在峭壁

國初遷寶誌塔水自從之而舊池遂涸人以為

異謂之靈谷者自琵琶街鼓掌相應若彈絲

聲且志其從水之靈也陸處上足迹未至此

水尚遺品錄于以次上池玉水及菊水者蓋

不但諧諸草木之英而已

鍾陰有梅花水手掬弄之滴下皆成梅花此石

乳重厚之故又一異景也鍾山故有靈氣而

泉液之佳無過此二水

句曲山喜容泉

大茅峰東北有喜容泉人鼓掌即湧沸津津
散珠昭明讀書臺下拊掌泉亦同此類茅峰
故有丹金所產多靈木其泉液宜勝按陶隱
居真誥云茅山左右有泉水皆金玉之津氣
又云水味是清源洞遠沾爾水色白都不學
道居其上飲其水亦令人壽考是金津潤液
之所漑耶今之好遊者多紀岩壑之勝鮮及
此也

王屋山玉泉聖水

王屋山道家小有洞天蓋濟水之源源于天壇之巔伏流至濟瀆祠復見合流至溫縣號公臺入于河其流汛疾在醫家去痾如東阿之膠青州之白藥皆其伏流所製也其半山有紫微宮宮之西至望僊坡北折一里有玉泉名玉泉聖水直詰云王屋山僊之別天所謂陽臺是也諸始得道者皆詣陽臺陽臺是清虛之宮下生鮑濟之水水中有石精得而服

之可長生

泰山諸泉

玉女泉在岳頂之上水甘美四時不竭一名聖

水池白鶴泉在昇元觀後水冽而美

王母池一名瑤池在泰山之下水極清味甘美

崇寧間道士劉崇巘石

此外有白龍池在岳西南其出爲漆河儼臺領

南一池出爲汶河桃花峪出爲泮河天神泉

懸流如練皆非三水北也

天書觀旁有醴泉

華山涼水泉

華山第二關即不可登越鑿石戮柿木攀援若
猿猱始得上其涼水泉出寶間芳列甘美稍
以憩息固天設神水也自此至青牛平入通
僁觀可五里爾

終南山澂源池

終南山之陰太乙宮者漢武因山有靈氣立太
乙元君祠于澂源池之側宮南三里入山谷

中有泉出奔聲如擊筑如轟雷卽激源派也

池在石鏡之上一名太乙湫環以羣山雄偉

秀特勢過霄漢神靈降遊之所止可飲勺取

甘不可穢襲蓋靈山之脉絡也杜陵章曲列

居其北降生名世有自爾

京師西山玉泉

玉泉山在西山大功德寺西數百步山之北麓

鑿石爲螭頭泉自口出瀦而爲池塋徹照暎

其水甘潔上品也東流入大內注都城出大

通河爲京師八景之一京師所艱得惟隹泉

且北地暑毒得少憩泉上便可怠世味爾

又西香山寺有甘露泉更佳道隙遠人□至非

內人建功德院幾不聞人間矣

偃師甘露泉

甘泉在偃師東南塋澈如練飲之若飴又緱山

浮丘塚建祠于庭下出一泉澄澈甘美病者

飲之即愈名浮丘靈泉

林庵山水簾

太行之奇秀至林慮之水簾爲最水聲出亂石

中懸而爲練端而爲漱飛花旋碧喧瓯飄灑

其瀦而爲泓者清澈如空纖芥可見坐數十

人蓋天下之奇觀也

蘇門山百泉

蘇門山百泉者衛源也㤙彼泉水詩今尚可誦

其地山岡勝麗林樾幽好自古幽寂之士

築嘯咏可以洗心漱爾晉孫登嵇康宋邵雍

皆有陳迹可尋討其光寒湯穆之象聞之且

可惺心況下上其間耶

濟南諸泉

濟南名泉七十有二論者以爆流為上金線次
之珍珠又次之若玉環金虎柳絮皇華無憂
及水晶簟皆出其下所謂爆流者又名豹突
在城之西南濼水源也其水湧爆而起久食
多生頭疾余線金線泉有紋如金線珍珠泉今王
府中不待振足拊掌自然湧出珠泡恐皆山
氣太盛故作此異狀也然昔人以三泉品居

上者以山川景象秀朗而言爾未必果在七
十二泉之上也有杜康泉者在舜祠西廡云
杜康取此釀酒昔人稱楊子中泠水每升重
二十四銖此泉止減中泠一銖今為覆屋而
埋或夫廡屋受雨露則靈氣宣發也又大明
湖發源于舜泉為城府特秀處繡江發源長
白山下二處皆有芰荷洲渚之勝其流皆與
濟水合恐濟水隱伏其間故泉池之多如此

廬山康王谷水

陸處士云瀑涌湍漱勿食之康王谷水簾上下

故瀑水也至下潭澄寂處始復其真性李季

卿序次有瀑水恐托之處士

楊子中泠水

往時江中惟稱南零水陸處士辨其異于岊水

以其清澈而味厚也今稱中泠往時金山屬

之南岊江中惟二泠蓋指石牌山南北流也

今金山淪入江中則有三泠水故昔之南泠

乃列為中泠爾中泠有石骨能湛水不流澄

嶽而味厚令山僧憚汲險鑿西麓一井代之

輒指爲中泠非也

無錫惠山寺水

何子叔皮一日汲惠水遺予時九月就涼水無

變味對其使煮食之大佳也明年予走惠山

汲煮陽羨鬪品乃知是石乳就寺僧再宿而

歸

州噴霧出崖瀑

在蟠龍山飛瀑傾注噴薄如霧宋張商英遊此

題云水味甘腴偏宜煮茗范成大亦以為天

下瀑布第一

萬縣西山包泉

宋元符間太守方澤爲銘以其品與惠山泉相

上下轉運張續詩吏憩此泉分茗碗舊遊彷

佛記孤山

雲陽縣有天師泉止自五月江漲時溢出九月

即止雖甘潔清冽不貴也多喜山雌雄泉分

陰陽盈虛斯異源爾

潼川

臨亭縣西自劍門南來四百里為負戴山山有

飛龍泉極甘美

遂寧縣東十里數峰壁立有泉自山石滴下成冗

深尺餘紺碧甘美流注不竭因名靈泉宋楊

大淵等守靈泉山即此

鴈蕩龍鼻水

浙東名山自古稱天台而鴈蕩不著今東南勝

地輒稱之其上有二龍湫大湫數百頃小湫

亦不下百頃勝處有石屏龍鼻水屏有五色

異景石乳自龍鼻滲出下有石渦承之作金

石聲皆自然景象非人巧也小湫今爲遊僧

開瀉成田郡內養陰龍氣在術家爲龍橫眞

氣今泄之山川之秀頻減矣

天目山潭水

浙西名勝必推天目天目者東西各一湫如目

也高顚與府脊北近靈景超絕下發淸泠與

瑤池同勝山多雲毋金沙所産吳木附子靈

壽藤皆異穎何下千杷菊水南北皆有六潭

道隘不可盡歷且多異獸雖好遊者不能遍

出深氣早寒九月即閉關春三月方可出入

其迹靈異睛空稍起雲一縷雨輒大至蓋神

龍之窟宅也山居谷汲于有夙慕云

吳興白雲泉

吳興金蓋山故多雲氣乙未三月與沈生子內

坡入山觀望四山繚遶如垣中間田叚平衍

環視如在甑中受蒸潤也少焉日出雲氣漸

散惟金蓋獨遲越不易解予謂氣盛必有佳

泉水乃南陟坡隨見大楊梅樹下泪泪有聲

清冷可愛急移茶具就之茶不能變其色主

人言十里內蠶絲俱汲此煮之輒光白大售

下注田段可百畝因名白雲泉云

吳興更有柠山球珠泉如錢唐玉泉可掬掌出

珠泡玉泉多餌五色魚穢坵山靈爾柠山因

僧皎然夙著

顧渚金沙泉

顧渚每歲採貢茶時金沙泉即涌出茶事畢泉
亦隨涸人以為異元末時乃常流不涸矣

碧琳池 在吳興弁山太陽塢

避暑錄云吾居東西兩泉匯而為沼繞盈丈溢
其餘於外不竭東泉夾為澗經碧琳池然後
匯大澗而出兩泉皆極甘不減惠山而東泉
尤列

四明山雪竇上岩水

四明山巔出泉甘列名四明泉上矣南有雪竇

在四明山南極處千丈巖瀑水殊不佳至上

巖約十許里名隱潭其瀑在險壁中其奇怪

心弱者不能一置足其下此天下奇洞房也

至第三潭水清泚芳潔覷天台千丈瀑殊絕

爾天台康王谷人迹易至雪竇其圓潭又雪

竇之閟者世間高人自晦于蓬藋間若此水

者登堪算計耶

天台桐柏宮水

宮前千仞石壁下發一源方丈許其水自下湧

起如珠濺灌甚多水甘冽入品

黃岩靈谷寺香泉

寺在黃岩太平之間寺後石罅中出泉甘冽而

香人有名為聖泉者

麻姑山神功泉

其水清冽甘美石中乳液也土人取以釀酒稱

麻姑者非釀法乃水味佳也

黃石鐵篩泉

方山下出泉其甘古人欲辨其泛沙置鐵篩其

內因名士夫家煎茶必買此水境內無異者

有宋人潘愚谷詩曰此石八景之意也

樂清縣沐簫泉

沐簫是王子晉遺迹山上有簫臺其水闊境用

之佳品也

福州閩越王南臺山泉

泉上有白石壁中有二鯉形陰雨鱗目粲然貧

者汲賣泉水水清冷可愛土人以南山有白

石又有鯉魚俗箫戚歌中語因傳會戚飯牛

54

于此

桐廬嚴瀨水

張君過桐廬江見嚴子瀨溪水清冷取煎佳茶
以爲愈于南泠水予嘗過瀨其清湛芳鮮誠
在南泠上而南泠性味俱重非瀨水及也瀨
流瀉處亦殊不佳臺下灣窈廻狀澄渟始是
佳品必緣陝上下方得之若舟行捷取亦常
然波爾

姑蘇七寶泉

光祿寺左鄧尉山東三里有七寶泉發石間環
甃以石形如滿月庵僧按竹引之甚甘與門
故之泉雖虎丘名陸羽泉予尚以非源水下
之額此水不錄以地僻隘人迹罕至故也

宜興洞水

善權寺前有湧金泉發于寺後小水洞有寶形
如偃月深不可測李司空碑謂微時親見白
龍騰出洞中蓋龍穴也恐不可食令人有飲
者云無害西南至大水洞其前湧泉奔赴石

56

上濺沫如銀注入洞中出小水洞蓋一源也

張公洞東南至會僊山石其下空洞有泉出焉自
右而趨有聲潺潺可聽

南岳銅官山麓有寺寺有卓錫泉其地卽古之
陽羨產茶獨隹每季春縣官祀神泉上然後

入貢

寺左三百步有飛瀑千尺如白龍下飲滙而爲
池相傳稠錫禪師卓錫出泉于寺而剖腹洗
腴于此今名洗腸池此或巢由洗耳之意或

57

飲此水可以洗滌腸中穢迹因而得名爾其

側有善行洞庵後有泉出石間涓涓不息僧

引竹入廚煎茶甚佳天下山川竒怪幽寂莫

逾此三洞近溧陽史君恭甫更于玉女潭搜

剔水石搆結精廬其名勝殆冠絕雖降儽真

可也况好遊人士耶

華亭五色泉

松治西南數百步相傳五色泉士子見之輒得

高第令其地無泉止有八角井云是海眼禱

雨時以魚負鐵符下其中後漁人得之白龍

澀井水甘而列不下泉水所謂五色泉當是

此非別有泉也丹陽觀音寺揚州大明寺水

俱入處上品予嘗之與八角無異

金山寒穴泉

松江治南海中金山上有寒穴泉按宋毛滂寒

穴泉銘序云寒穴泉甚甘取惠山泉金壜至

三四反覆累不覺異王荊公和唐令寒穴泉

詩有云山風吹更寒山月相與清今金山淪

入海中汲者不至他日桑海變遷或仍爲峙

谷未可知也

水品全秩　茶品要錄　茶寮記　湯品

61

茶品目錄終

宋建安道人黃儒著

明嘉禾周履靖校梓

總論

說者常惟陸公茶經不第建安之路蓋前此茶

事未甚與靈芽真笋徃徃委翳消腐而人不知

惜自國初以來士大夫沐浴膏澤詠歌昇平之

日久矣夫俗世灑落神觀冲淡惟茲茗飲爲可

園喜林亦相與摘英夸異制捲鬻薪而移時之

好故殊絶之品始得自出乃奏莽之間而其名

者當奕然自失矣

遂冠天下昔使陸羽復起閱其金餅味其雲腴

因念草木之村一有其瓌偉絶特者來未嘗不

遇時而後興況於人乎然士大夫間爲珍藏精

城之其非會雅好眞眞未嘗輒出其好事者又

嘗論其采制之出入器用冝之否較之試傷災

畕於縑素傳也玩于時獨未有補於賞鑒之明

爾

蓋園民射利高油其面色品味易辨而難詳予

因闕牧之服爲原採造之得時失較試之低昂

次爲十說以終其病題申品茶要錄云

　一採造過時

茶事起於驚蟄前其採芽如鷹爪初造日試焙

又曰一火次日二火三火之茶巳次一火灸故

市茶芽者惟同出於三火前者爲最尤喜傳寒

氣候陰不至凍芽茶尤畏霜寒有造於一火二

火皆遇之霜而三火霜霽則三火之茶勝矣

暴不至於暄則穀芽含養約勒而滋味長有憚

采工亦復爲矣

也

凡試時泛色鮮白隱於薄霧者得於佳時而然

有造於積雨者真色昏黃或氣候暴暄茶芽蒸

發采工汗手薰漬揀摘不給矣

製造頃多皆爲常品矣

試時色非鮮白水脚惟給紅者過時之病也

二白合盜葉

茶之精絶者曰鬭曰亞鬭其次揀芽茶鬭品雖

再上園戶或上一株蓋天材間有特異非能皆

然也且物之變勢無窮而人之耳目有盡故造

鬭品之家有昔優而今劣前負而後勝者雖人

工有至有不至亦造推移不可得而擅也其造

一火曰鬭二火曰亞鬭不過十數銙而已揀芽

則不然編偏園隴中擇其精英者爾其或貪多

務得又滋色澤往往以白合盗葉間之試時色

雖鮮白其味澁淡者間白合盗葉之病也

一鷹爪之芽有兩小葉抱白者盜葉也造揀

芽常而生者合白也新條葉之初生而色剔取

鷹爪而白合不月浣盜葉乎

三入雜

物固不可以容偽況飲食之初尤不可也故茶

有入他草者人號為入雜銙列柿葉常品入桴

檻葉二葉易致又滋邑澤國民欺售直而為試

胖無栗絞甘香盞面浮散隱如微毛或星星如

纖絮者入雜之病也善茶品者側盞視之所入

68

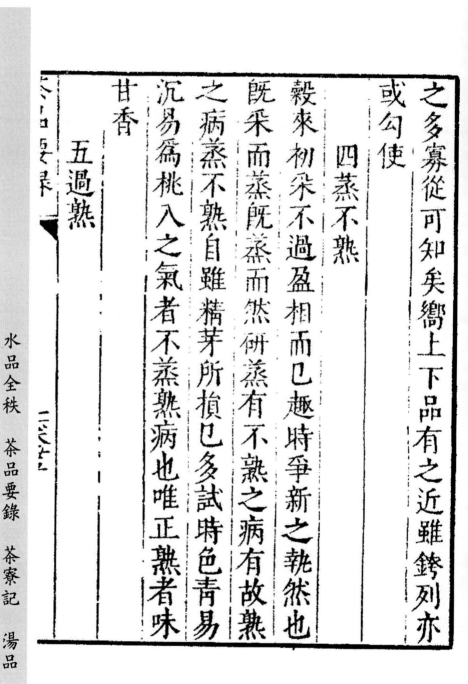

之多寡從可知矣鄉上下品有之近雖�锊列亦

或勾使

四蒸不熟

穀採初採不過盈相而已趣時爭新之執然也

既採而蒸既蒸而然研蒸有不熟之病有故熟

之病蒸不熟自雖精芽所損已多試時色青易

沉易為桃入之氣者不蒸熟病也唯正熟者味

甘香

五過熟

茶芽方蒸以氣為候視之不可以不謹也試時
藥黃而粟絞大者過時之病也然雖過熟愈不
熟甘香之味盛也故君謨論色則以青白勝黃
白余論味則以黃白勝青白

六焦釜

茶蒸不可以逾久久而過熟又久則湯乾而焦
釜之氣上茶上有之新湯以益之是致損茶試
時色多昏紅氣焦味惡者焦釜之病也建人號
為熟鍋

七壓黃

茶已蒸者為黃黃細則已入捲模制之矣蓋明潔鮮明則香色如入故采著品者常於半曉間衝蒙雲霧或以罐新汲泉懸胸間得必投其中蓋欲鮮也其或曰氣供燦茶芽暴長工力不及其采芽已陳而不及蒸蒸而不及研研或出宿而後製試時色不鮮明薄如壞仰氣者壓黃人也

八清膏

茶餅先黃又如蔭潤者搾不乾也搾欲盡去其

膏膏盡則大如乾竹葉之思惟吾餅首面者故

搾不欲乾以利易售試時色雖鮮白其味帶苦

者漬膏之病也

九傷焙

夫茶本以芽葉之物就之捲模既出卷上笡焙

之用火務通令熱即以芽葉之物就之虛其中

以熱火氣然茶民不喜用實炭號爲火以茶餅

新溫欲速乾以見售故用火常帶烟熖烟熖既

多稍失看候以顧薰損茶餅試時其色紅氣味

帶焦者傷熁之病也

十辨鑿源沙溪

鑿源沙溪其地相皆而中隔一領其勢無數里

之遠然茶產頓殊有能出力移栽植之亦爲主

土氣所化竊嘗怪茶之爲草爾其勢必猶得地

而後異豈水絡地脉偏種粹於鑿源豈御焙占

此大岡巍隴神物伏護得其餘蔭耶何其甘芳

精至而掘擅天下也觀夫春雷一驚筍籠繞起

售者已擔簦挈橐於其門或先期而散留金錢
或茶纔入而筐而爭酬所直故壑源之茶常不
足容所求豈有傑猾之園民陰取沙溪茶黃雜
就家捲而製之人徒趣其名眡其規模之相若
不能源其實者蓋有之矣凡壑源之茶售以十
則沙溪之茶售以五其直大率放此然沙溪之
園民亦勇以利或雜以松黃餙其首面或肉理
怯薄体輕而色黃試時誰鮮白不能久香乏薄
而味短者沙溪之品也凡肉理實厚体堅而色

紫試時泛盌僻久香猾而味長　者鏊源之品也

後論

余嘗論茶之精絕者其美其色白合未開其細
如麥蓋得青陽之清輕者也又其山多帶砂石
而號嘉品者皆在山南蓋得朝陽之和者也余
嘗事間乘醫景之明爭適軒亭之瀟灑一取皆
品嘗試既而神水生於華池愈甘而親其有助
乎然建安之茶散八下者不為也而得建安之
精品不為炙蓋有得之者不能辨矣或不善於

蒸試善烹試矣或非其時尤不善也見非其實

乎然未有主賢而賓愚者也夫惟知此然後盡

之事昔者陸羽號爲之茶然羽之所知者皆今

所謂草茶之何哉如鴻漸所論蒸筍弁藥謂留

其膏蓋茶味短而淡故常恐去膏建茶力號而

甘故惟欲去膏又論福建爲未詳往往而之其

味極佳由是觀之鴻漸未嘗到長安歟

茶品要錄終

茶寮記

適園無諍居士陸樹聲著

嘉禾梅癲道人周履靖校

園居敬小寮於嘯軒埤垣之西中設茶竈凡瓢
汲罌注濯拂之具咸庀擇一人稍通茗事者主
之一人佐炊汲客至則茶烟隱隱起竹外其禪
客過從予者每與余相對結跏趺坐啜茗汁舉
無生話終南僧明亮者近從天池來餉余天池
苦茶授余烹點法甚細余嘗受其法於陽羨士

人大率先火候其次候湯所謂蟹眼魚目參沸

沫沉浮以驗生熟者法皆同而僧所烹點絕味

清乳面不黶是具入清淨味中三昧者要之此

一味非眠雲跂石人未易領略余方遠俗雅意

禪棲安知不因是遂悟入趙洲耶時杪秋既望

適圓無諍居士與五臺僧演鎮絳南僧明亮同

試天池茶於茶寮中謾記

　煎茶七類

　　一人品

78

煎茶非漫浪要須其人與茶品相得故其法每
傳於高流隱逸有雲霞泉石磊塊胷次間者

二品泉

泉品以山水為上次江水井水次之井取汲多
者汲多則水活然須旋汲旋烹汲久宿貯者味
減鮮冽

三烹點

初入湯少許俟湯茗相投即滿注雲腳漸開乳
煎用活火候湯眼鱗鱗起沫餑鼓泛投茗器中

花浮面則味全益古茶用團餅碾屑味易出葉

茶驟則乏味過熟則味昏底滯

　四嘗茶

茶入口先灌漱須徐啜俟甘津潮舌則得真味

雜他果則香味俱奪

　五茶候

行吟清譚把卷

涼臺靜室明窻曲几僧寮道院松風竹月晏坐

　六茶侶

翰卿墨客緇流羽士逸老散人或軒冕之徒超

軼世味

七茶勳

除煩雪滯滌醒破睡譚渴書倦是時茗椀策勳

不減凌烟

龍坡山子茶

開寶中寶儀以新茶飲予味極美盦面標云龍

坡山子茶龍坡是顧渚之別境

聖楊花

吳僧梵川誓願然頂供養雙林傳大士自栽蒙

頂山茶凡三年味方全美得絕佳者聖楊花吉

祥蕋共不踰五觔持歸供獻

湯社

和疑在朝率同列逝日以茶相飲味劣者有罰

篩爲湯社

縷金耐重兒

有德建州茶膏作取耐重兒八枚膠以金縷獻

于闐王蟻

乳妖

吳僧文了善烹茶于游荆南高保勉白于季興

延置紫雲庵日試其藝保勉父了呼了呼爲湯

神奏授華定水大師上人目乳妖

傷閩甘露堂前兩珠茶欝峩婆娑宮人呼爲清
人樹每春初嬪嬙戲摘採新芽堂中設傾筐會

玉蟬膏

膏一種日清風使恪建人也

大理徐恪見貽鄉信鋌了茶茶面印文曰玉蟬

森伯

湯悅有森伯頌蓋茶也方飲而生然嚴乎齒牙
既久四肢森然

茶第付

豹革爲囊風神呼吸之具也煑茶啜之可以滌

滯思時起清風每引此義稱茶爲水豹囊

不夜候

胡嶠飲茶詩曰沾芽舊姓余甘氏破睡當封不

夜候奇哉

雞蘇佛

猶子蘂年十二歲予讀胡嶠詩因令倣法之近

脫成篇有云生凉好喫雞蘇佛回味宜稱橄欖

仙然羹之亦文詞之有基址者也

冷面草

美之龍心可謂冷面草也

符昭遠不喜茶曰冷面草此物面目冷了無和

晚甘候

孫樵送茶與焦刑部書云晚甘候十五人遣侍

齋閤此徒皆請雷而摘拜水而和蓋建陽丹山

碧水之卿月澗雲龕之品慎物賤用之

生成盞

饌茶而幻出物象于湯面茶匠通神之藝也泌

門福全生於茶海能注湯幻茶成一句詩並點

四甌共一絕句泛湖湯表小小物類唾手辦爾

檀曰自造門求觀湯戲全自味曰生成盞裏水

丹青

茶百戲

茶至唐始盛近世有下湯運七別施妙訣使湯

紋水脉成物象者禽獸虫魚花草之屬纖巧如

畫但須臾卽就散滅此茶之變也時人謂茶百

戲

漏影春

漏影春法用縷紙貼盞糝茶而去紙偽爲花別

以荔肉爲葉松實鴨腳之類彌物爲蓋沸湯點

攪

甘草癖

宣城何子華邀客酒半出嘉陽嚴峻畫陸鴻漸

象於華因言前世惑駿逸者爲癖泥貫索者爲

錢癖眈於子息者爲覺兒癖眈於褒貶者爲左

癖傳若此客者溺於茗事將何以名其癖楊粹

仲曰茶至珍蓋未離乎草也草中之甘無出茶

上者宜追曰陸氏爲甘草癖坐客曰兊矣哉

苦口師

皮先業最躭茗事一日中表請嘗新柑纔至呼

茶其急遑進一巨甌題詩曰未見柑心氏先迎

苦口師

茶寮附終

嘉禾梅顛道人周履靖梓

十六湯品

蘇廙仙芽傳載作湯十六品以爲湯者茶之司命若名茶而濫湯則與凡末同調矣煎以老嫩言者凡三品注以緩急言者凡三品以器標者共五品以薪論者共五品

第一品得一湯

火績巳儲水性乃盡如斗中米稱上魚高低適

平無過不及爲度蓋一而不偏雜者也天得一

以清地得一以寧湯得一可建湯勳

第二品嬰湯

薪火方交水釜纔熾急取旋傾若嬰兒之未孩

欲責以壯夫之事難矣哉

第三品百壽湯 一名白髮湯

人過百息水踰十沸或以話阻或以事廢始取

用之湯已失性矣敢問皤鬢蒼顏之大老還可

執弓搖矢以取中乎還可雄登闊步以邁遠乎

第四品中湯

亦見夫鼓琴者也聲合中則意妙亦見夫磨墨者也力合中則矢濃聲有緩急則琴凶力有緩急則茶敗欲湯之中臂任其責

第五品斷脉湯

茶已就膏宜以造化成其形若手顫臂輝惟恐其深餅臂之端若存若怠湯不順通故茶不勻粹是猶人之百脉氣血斷續欲壽奚獲苟惡斃宜迅

第六品　大壯湯

力士之把針耕夫之握管所以不能成功者傷
於龐也且一甌之茗多不二錢茗盞量合宜下
湯不過六分萬一快瀉而深積之茶安在哉

第七品　富貴湯

以金銀為湯器惟富貴者具焉所以策功建湯
業貧賤者有不能遂也湯器之不可捨金銀猶
琴之不可捨桐墨之不可捨膠

第八品　秀碧湯

石凝結天地秀氣而賦形者也琢以爲器秀猶

在焉其湯不良未之有也

第九品壓一湯

貴欠金銀賤惡銅鉄則甕瓶有足取焉幽士逸

夫品色尤宜豈不爲瓶中之壓一手然勿與誇

珍衒豪臭公子道

第十品纏口湯

猥人俗輩煉水之器豈眼深擇銅鉄鉛錫取熱

而已夫是湯也腥苦且澀飲之逾時惡氣纏口

而不得去

第十一品減價湯

無油之瓦滲水而有土氣雖御胯宸緘且將敗
德銷聲諺曰茶瓶用瓦如乘折脚駿登高好事
者幸誌之

第十二品法律湯

凡木可以煮湯不獨炭也惟沃茶之湯非炭不
可在茶家亦有法律水忌停薪忌薰犯律踰法
湯乖則茶殆矣

第十三品一面湯

或柴中之焚火或焚餘之虛炭本体雖盡而性

且浮性浮則有終嫩之嫌炭則不然實湯之友

第十四品宵人湯

茶本靈草觸之則敗糞土雖執惡性未盡作湯

泛茶減好香味

第十五品賊湯　一名賊湯

竹篠樹梢風日乾之燃鼎附瓶頗甚快意然体

性虛薄無中和之氣爲湯之殘賊也

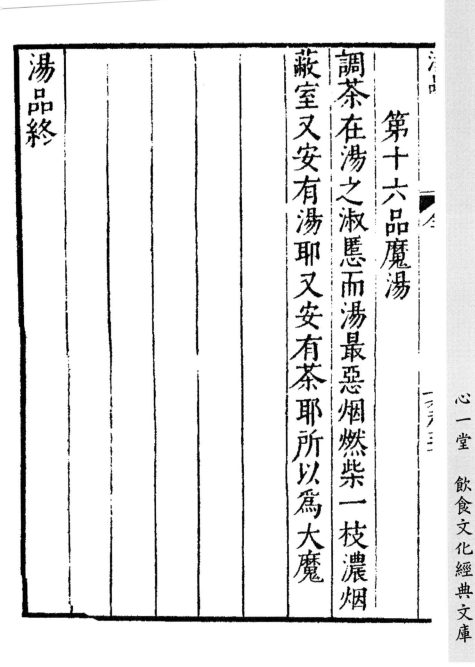

第十六品魔湯

調茶在湯之淑慝而湯最惡烟燃柴一枝濃烟

蔽室又安有湯耶又安有茶耶所以爲大魔

湯品終

書名：《水品全秩》《茶品要錄》《茶寮記》《湯品》合刊
系列：心一堂・飲食文化經典文庫
原著：【明】徐獻忠、【宋】黃儒、【明】陸樹聲
主編・責任編輯：陳劍聰

出版：心一堂有限公司
地址/門市：香港九龍旺角西洋菜南街五號好望角大廈一〇〇三室
電話號碼：(852) 6715-0840
網址：www.sunyata.cc　publish.sunyata.cc
電郵：sunyatabook@gmail.com
心一堂 讀者論壇：http://bbs.sunyata.cc
網上書店：　　　　http://book.sunyata.cc

香港發行：香港聯合書刊物流有限公司
地址：香港新界大埔汀麗路三十六號中華商務印刷大廈三樓
電話號碼：(852) 2150-2100
傳真號碼：(852) 2407-3062
電郵：info@suplogistics.com.hk

台灣發行：秀威資訊科技股份有限公司
地址：台灣台北市內湖區瑞光路七十六巷六十五號一樓
電話號碼：+886-2-2796-3638
傳真號碼：+886-2-2796-1377
網絡書店：www.bodbooks.com.tw
心一堂台灣國家書店讀者服務中心：
地址：台灣台北市中山區松江路二〇九號一樓
電話號碼：+886-2-2518-0207
傳真號碼：+886-2-2518-0778
網址：http://www.govbooks.com.tw/

中國大陸發行・零售：心一堂
深圳地址：中國深圳羅湖立新路六號東門博雅負一層零零八號
電話號碼：(86)0755-82224934
心一堂官方淘寶流通處：http://sunyatacc.taobao.com/

版次：二零一七年九月初版，平裝

定價：　港幣　　　九十八元正
　　　　新台幣　　三百九十八元正

國際書號 ISBN 978-988-8317-76-9